by Adriar

INTRODUCTION TO EXPONENTIAL

April 2020

Copyright © 2020

All rights reserved. No part of this publication may be reproduced, distributed, or transmitted in any form or by any means, including photocopying, recording, or other electronic or mechanical methods, without the prior written permission of the publisher, except in the case of brief quotations embodied in critical reviews and certain other non commercial uses permitted by copyright law. For permission requests, write to the publisher using address below.

delightfulbook@gmail.com

Contents

EXPONENTIAL	1
PROPERTIES	1
TEST WITH SOLUTIONS	11
QUESTIONS	19
TESTS 1	26
TEST 2	30
TEST 3	34
TEST 4	39
TEST 5	44

EXPONENTIAL

Definition: Provided that $n \in R$ and $x \in R - \{0\}$ the number $x^n X.X.X....X$ is called the nth power of x.

X is called bese and n is called power.

(PROPERTIES)

$x, y \in R - \{0\}$

$x = x^1$

$x.x = x^2$

$x.x.x = x^3$

$x.x.x.x = x^4$

$x.x.x............x = x^n$ (n times)

1. $x^n . x^m = x^{m+n}$

(Example):

$9^4 . 81^5 . 243^7 = ?$

(Solution):

$9^4 . 81^5 . 243^7 = 3^{2.4} . 3^{4.5} . 3^{5.7}$

$= 3^8 . 3^{20} . 3^{35}$

$= 3^{8+20+35} = 3^{63}$

(*Example*):

$$\left. \begin{array}{l} 4^{\frac{x}{2}+y} = 4 \\ 2^{x-2y} = 9 \end{array} \right\} \Rightarrow 2^x = ?$$

A)6   B)8   C)10   D)12   E)16

(*Solution*):

$$4^{\frac{x}{2}} = 4 \Rightarrow 2^{x+2y} = 4$$

$$\left(2^{x+2y}\right) \cdot \left(2^{x-2y}\right) = 4 \cdot 9$$

$$2^{x+2y+x-2y} = 36$$

$$2^{2x} = 6^2 \Rightarrow 2^x = 6$$

2. $$\frac{x^n}{x^m} = x^{n-m} = \frac{1}{x^{m-n}}(x \neq 0)$$

(*Example*):

$$\frac{(-2)^{13} - 2^{14}}{2^{13}} = ?$$

(*Solution*):

$$\frac{(-2)^{13} - 2^{14}}{2^{13}} = \frac{-2^{13} - 2^{13} \cdot 2}{2^{13}} = \frac{2^{13}(-1-2)}{2^{13}} = -3$$

(*Example*):

$$\frac{\left(-\dfrac{1}{2}\right)^3 \cdot \left(\dfrac{2}{3}\right)^3 \cdot (-2)^3}{(-2^2) \cdot \left(-\dfrac{1}{3}\right)^2} = ?$$

(*SOlution*):

$$\frac{-\dfrac{1}{8} \cdot \dfrac{8}{27} \cdot 4}{-4 \cdot \dfrac{1}{9}} = \frac{1}{2} \cdot \frac{8}{27} \cdot \frac{9}{1} \cdot \frac{1}{4} = \frac{1}{3}$$

(*Example*):

$$\frac{5^x + 10^x + 15^x}{2^x + 4^x + 6^x} = \frac{8}{125} \Rightarrow x = ?$$

(*Solution*):

$$\frac{5^x + 2^x \cdot 5^x + 3^x \cdot 5^x}{2^x + 2^x \cdot 2^x + 2^x \cdot 3^x} = \frac{8}{125}$$

$$\frac{5^x \cdot (1 + 2^x + 3^x)}{2^x (1 + 2^x + 3^x)} = \frac{8}{125} \Rightarrow \left(\frac{5}{2}\right)^x = \left(\frac{5}{2}\right)^{-3}$$

$$x = -3$$

(*Example*):

$$\frac{9^{n-2}}{3^{2n} \cdot 3^{-1}} + \frac{3^{m-1}}{3^m} = ?$$

(*Solution*):

$$\frac{9^n \cdot 9^{-2}}{3^{2n} \cdot 3^{-1}} + \frac{3^m \cdot 3^{-1}}{3^m} = \frac{9^n \cdot 3}{9^n \cdot 81} + \frac{1}{3}$$

$$= \frac{1}{27} + \frac{1}{3} = \frac{1+9}{27} = \frac{10}{27}$$

3. $(x \cdot y)^n = x^n \cdot y^n$

(*Example*):

$$a > 1, b > 1$$

$$\left.\begin{array}{l} a^{x-y} = b^9 \cdot a^{11} \\ b^{x-y} = a^8 \cdot b^{10} \end{array}\right\} \Rightarrow x - y = ?$$

A)35   B)27   C)21   D)19   E)17

(*Solution*):

$$a^{x-y} = b^9.a^{11}$$

$$b_x^{x-y} = a_x^8.b_{10}$$

$$(a.b)^{x-y} = (a.b)^{19}$$

$$x - y = 19$$

4. $\left(\dfrac{x}{y}\right)^n = \dfrac{x^n}{y^n}$

(*Example*):

$$9^a = x \ (and)3^{a+2} = y \Rightarrow y^2 = ?$$

$$3^{a+2} = y \Rightarrow 3^a.3^2 = y \Rightarrow 3^a = \dfrac{y}{9}$$

$$9^a = x \Rightarrow (3^a)^2 = x$$

$$\left(\dfrac{y}{9}\right)^2 = x$$

$$= y^2 = 81 . x$$

5. $(x^n)^m = (x^m)^n = x^{m.n}$

(*Example*):

$$a,b \in Z - \{0,1\}$$

$$a^b = \dfrac{1}{343} \Rightarrow a + b = ?$$

A)2   B)4   C)6   D)8   E)10

(Solution):

$$a^b = \frac{1}{7^3} \Rightarrow a^b = 7^{-3}$$

$$a^b = 7^{-3} \Rightarrow a = 7 \ (and) b = -3$$

$$a + b = 7 - 3 = 4$$

6. $\quad x^n = x^m \Rightarrow n = m, \ \begin{pmatrix} x \neq 0 \\ x \neq 1 \\ x \neq -1 \end{pmatrix}$

(*Example*):

$$(x - 3)^{3x - 1} = (x - 3)^{2x + 4} \Rightarrow x = ?$$

A)9   B)8   C)7   D)6   E)5

(*Solution*):

(*To satify the given equation,base must be equal to 1.*)

$$x - 3 = 1$$

$$x = 4$$

(*Morever since the bases are equal, power must be equal to each other*)

$$3x - 1 = 2x + 4 \Rightarrow x = 5$$

$$\sum x = 2x + 4 \Rightarrow x = 5$$

7. $\left(\dfrac{x}{y}\right)^{-n} = \left(\dfrac{y}{x}\right)^{n} : x^{-n} = \dfrac{1}{x^{n}}, (x \neq 0)$

(*Example*):

$$a^{-\frac{3}{2}} = 64 \Rightarrow a = ?$$

(*Solution*):

$$a^{-\frac{3}{2}} = 4^{3} \Rightarrow a^{-\frac{3}{2}\left(-\frac{2}{3}\right)} = 4^{3\left(-\frac{2}{3}\right)}$$

$$a = 4^{-2} \Rightarrow a = \dfrac{1}{4^{2}} = \dfrac{1}{16}$$

(*Example*):

$$\frac{3}{2^{1-x}} = 27 \Rightarrow ? < x < ?$$

(*Solution*):

$$\frac{3}{2 \cdot 2^{-x}} = 27 \Rightarrow 3 \cdot 2^x = 2 \cdot 27$$

$$\Rightarrow 2^x = 18$$

$$16 < 18 < 32$$

$$2^4 < 2^x < 2^5$$

$$4 < x < 5$$

8. $a.x^m + b \cdot x^m - c \cdot x^m = x^m(a + b - c)$

(*Example*):

$$4 \cdot 2^{a+1} - 3 \cdot 2^{a+3} + 8 \cdot 2^{a+2} = ?$$

(*Solution*):

$$4 \cdot 2^a \cdot 2 - 3 \cdot 2^a \cdot 2^3 \cdot + 8 \cdot 2^a \cdot 2^2$$

$$2^a \cdot (8 - 24 + 32)$$

$$2^a \cdot 16 = 2^a \cdot 2^4 = 2^{a+4}$$

(*Example*):

$$(3^2)^5 + (-3^2)^5 - (-3^2)^5 + (-3^{-5})^{-2} = ?$$

(*Solution*):

$$= (3^2)^5 + (-3^2)^5 - (-3^2)^5 + (-3^{-5})^{-2}$$

$$= 3^{10} + (-3^{10}) - (-3^{10}) + (3^{10})$$

$$= 3^{10} - 3^{10} + 3^{10} + 3^{10}$$

$= 2.3^{10}$

(*Example*):

$$\frac{1}{2^{x+1}} + \frac{6}{2^x} + \frac{2}{2^{x-2}} = 64 \Rightarrow x = ?$$

(*Solution*):

$$\frac{1}{2^x.2^{-1}} + \frac{6}{2^x} + \frac{2}{2^x.2^{-2}} = 64$$

$$\frac{2}{2^x} + \frac{6}{2^x} + \frac{8}{2^x} = 64$$

$$\frac{16}{2^x} = 64$$

$$\frac{1}{2^x} = 4$$

$$2^{x+2} = 1 \Rightarrow x + 2 = 0 \Rightarrow x = -2$$

9. $(-a)^{2n} = a^{2n} \qquad (n \in N)$

$\qquad (-a)^{2n+1} = -a^{2n+1}$

(*Example*):

$$\frac{(-2)^3 + (-2^2)}{\left(\frac{1}{2}\right)^{-2} + \frac{1}{2^{-3}}} = ?$$

A) 1 $\qquad$ B) -1 $\qquad$ C) 2 $\qquad$ D) -2 $\qquad$ E) 3

(*Solution*):

$$\frac{(-2)^3 + (-2^2)}{\left(\frac{1}{2}\right)^{-2} + \frac{1}{2^{-3}}} = \frac{-8 + (-4)}{(2)^2 + 2^3} = \frac{-8 - 4}{4 + 8} = \frac{-12}{12} = -1$$

(Example) :

$$\frac{(-2)^{-2} - 3^{-1} + 2^{-2}}{6^{-2}} = ?$$

A)2   B)4   C)6   D)8   E)10

(Solution):

$$\frac{(-2)^{-2} - 3^{-1} + 2^{-2}}{6^{-2}} = \frac{\left(\frac{1}{2}\right)^2 - \frac{1}{3} + \frac{1}{2^2}}{\frac{1}{6^2}} = \frac{\frac{1}{4} - \frac{1}{3} + \frac{1}{4}}{\frac{1}{36}}$$

$$= \frac{\frac{3 - 4 + 3}{12}}{\frac{1}{36}} = \frac{2}{12} \cdot \frac{36}{1} = 2.3 = 6$$

(Example):

$$\frac{[(-2)^{-2}]^2 \cdot \left[\left(\frac{1}{2}\right)^3\right]^{-1}}{\left[\left(-\frac{1}{2}\right)^{-1}\right]^2} = ?$$

A) $\frac{1}{8}$ B) $\frac{1}{6}$ C) $\frac{1}{4}$ D) $\frac{1}{2}$ E) 1

(Solution):

$$\frac{[(-2)^{-2}]^2 \cdot \left[\left(\frac{1}{2}\right)^3\right]^{-1}}{\left[\left(-\frac{1}{2}\right)^{-1}\right]^2} = \frac{\left(\frac{1}{4}\right)^2 \cdot \left(\frac{1}{8}\right)^{-1}}{((-2))^2} = \frac{\frac{1}{16} \cdot 8}{4}$$

$$= \frac{\frac{1}{2}}{4} = \frac{1}{2} \cdot \frac{1}{4} = \frac{1}{8}$$

(TEST WITH SOLUTIONS)

1. $(-2^2) + (-5)^2 + (-5^2) - (-2)^3 = ?$

A) -12 B) 4   C) 46   D) 62   E) 38

(Solution):

$= -4 + 25 - 25 - (-8) = 4$

2. $\dfrac{(-2)^3 \cdot (-3)^{-2}}{-3^2} = ?$

A) -8 B) 8   C) -27 D) 27   E) 9

(Solution):

$$\frac{(-2)^3 \cdot (-3)^{-2}}{-3^2} = \frac{-8 \cdot \dfrac{1}{(-3)^2}}{-\dfrac{1}{3^2}} = \frac{-\dfrac{8}{9}}{-\dfrac{1}{9}} = 8$$

3. $(-a)^{-2} \cdot (a^{-3}) \cdot (-a^{-2}) \cdot (-a^4) = ?$

A) a^3 B) $-a^3$ C) $-a^{-3}$ D) $-a^5$ E) a^{-1}

(Solution):

$(-a)^{-2} \cdot (a^{-3}) \cdot (-a^{-2}) \cdot (-a^4)$

$$= \frac{1}{(-a)^2} \cdot a^{-3} \cdot \left(-\frac{1}{a^2}\right) \cdot (-a^4) = \frac{a^{-3}}{a^2} \cdot \frac{a^4}{a^2} = a^{-3}$$

4. $\left[(2^{-1} + 3^{-1})^{-1} + \left(\frac{5}{4}\right)^{-1}\right]^{-2} = ?$

A)$\frac{1}{16}$ B)$\frac{1}{8}$ C)$\frac{1}{4}$ D)$\frac{1}{2}$ E)1

(*Solution*):

$$\cdot \quad \left[(2^{-1} + 3^{-1})^{-1} + \left(\frac{5}{4}\right)^{-1}\right]^{-2} = \left[\left(\frac{1}{2} + \frac{1}{3}\right)^{-1} + \frac{4}{5}\right]^{-2}$$

$$= \left[\left(\frac{5}{6}\right)^{-1} + \frac{4}{5}\right]^{-2}$$

$$= \left(\frac{6}{5} + \frac{4}{5}\right)^{-2}$$

$$= 2^{-2} = \frac{1}{4}$$

5. $\dfrac{\left(-\dfrac{1}{2}\right)^{-2} + \left(-\dfrac{1}{2}\right)^{-3}}{\left(-\dfrac{1}{3}\right)^{2} - \left(-\dfrac{1}{3}\right)^{3}} = ?$

A)$\frac{2}{27}$ B)$\frac{27}{16}$ C) – 27   D) – 54   E) – 108

(*Solution*):

$$= \frac{(-2)^2 + (-2)^3}{\dfrac{1}{9} - \left(-\dfrac{1}{27}\right)} = \frac{4 + (-8)}{\dfrac{1}{9} + \dfrac{1}{27}} = \frac{-4}{\dfrac{4}{27}}$$

$$= -27$$

6. $\dfrac{10^8 - 10^6}{5^8 - 5^6} = ?$

A)4   B)99   C)192   D)264   E)256

(*Solution*):

$$\frac{10^8 - 10^6}{5^8 - 5^6} = \frac{10^6(10^2 - 1)}{5^6(5^2 - 1)} = \frac{10^6 \cdot 99}{5^6 \cdot 24}$$

$$= \left(\frac{10}{5}\right)^6 \cdot \frac{99}{24} = 2^6 \cdot \frac{99}{24}$$

$$= 64 \cdot \frac{99}{24} = 264$$

7. $\dfrac{a^{n+2} - a^{2-n}}{a^{n+3} - a^{3-n}} = ?$

A)$\dfrac{1}{a}$ B)a^{-n} C)a D)a^{-n} E)a^{2n-1}

(*Solution*):

$$\frac{a^{n+2} - a^{2-n}}{a^{n+3} - a^{3-n}} = \frac{a^n \cdot a^2 - a^2 \cdot a^{-n}}{a^n \cdot a^3 - a^3 \cdot a^{-n}}$$

$$= \frac{a^2(a^n - a^{-n})}{a^3(a^n - a^{-n})}$$

$$= a^{2-3} = a^{-1} = \frac{1}{a}$$

8. $\dfrac{2 \cdot 3^{x+1} + 3^{x-1} - 3^{x+2}}{4 \cdot 3^{x-1}} = ?$

A) -2 B) -1 C) 0 D) 1 E) 2

(*Solution*):

$$\frac{2 \cdot 3^{x+1} + 3^{x-1} - 3^{x+2}}{4 \cdot 3^{x-1}} = \frac{2.3^x \cdot 3 + 3^x \cdot 3^{-1} - 3^x \cdot 3^1}{4 \cdot 3^x \cdot 3^{-1}}$$

$$= \frac{3^x(6 + \frac{1}{3} - 9)}{3^x \cdot \frac{4}{3}}$$

$$= \frac{-\frac{8}{3}}{\frac{4}{3}}$$

$$= -2$$

9. $2^x + 2^{x+1} = m \cdot 2^{x+2} \Rightarrow m = ?$

$A)\dfrac{1}{8}$ $\qquad B)\dfrac{1}{4}$ $\qquad C)\dfrac{2}{3}$ $\qquad D)\dfrac{3}{4}$ $\qquad E)\dfrac{7}{8}$

(*Solution*):

$$m = \frac{2^x + 2^{x+1}}{2^{x+2}}$$

$$= \frac{2^x(1+2)}{2^x \cdot 2^2}$$

$$= \frac{3}{4}$$

10. $a, b \in Z$

$$\frac{8^3 \cdot 6^4}{18^2} = 2^a \cdot 3^b \Rightarrow a + b = ?$$

$A)8$ $\qquad B)10$ $\qquad C)11$ $\qquad D)12$ $\qquad E)15$

(*Solution*):

$$\frac{8^3 \cdot 6^4}{18^2} = 2^a \cdot 3^b = \frac{(2^3)^3 \cdot 2^4 \cdot 3^4}{3^4 \cdot 2^2} = 2^a \cdot 3^b$$

$$2^{13-2} \cdot 3^{4-4} = 2^a \cdot 2^b$$

$$2^{11} \cdot 3^0 = 2^a \cdot 3^b$$

$$a = 11, b = 0$$

$$a + b = 11$$

11. $(4^{a+1} - 2^{2a}) : (3 \cdot 2^{3a}) = ?$

A)$2a$ $\qquad$ B)$\dfrac{1}{2}$ $\qquad$ C)$2\dfrac{1}{3}$ $\qquad$ D)2^{-a} $\qquad$ E)2^{a}

(*Solution*):

$$\frac{4^{a+1}-2^{2a}}{3.\,2^{3a}}=\frac{(2^2)^{a+1}-2^{2a}}{3.\,2^{3a}}$$

$$=\frac{2^{2a+2}-2^{2a}}{3.2^{3a}}=\frac{2^{2a}(2^2-1)}{3.\,2^{2a}.\,2^{a}}$$

$$=\frac{3}{3.2^{a}}$$

$$=\frac{1}{2^{a}}=2^{-a}$$

12. $2^{a}=50 \Rightarrow 2^{2a-2}=?$

A)125 $\qquad$ B)250 $\qquad$ C)500 $\qquad$ D)625 $\qquad$ E)750

(*SOlution*):

$$2^{a}=50$$

$$2^{2a-2}=2^{2a}.\,2^{-2}=(2^{a})^{2}.\,\frac{1}{2^{2}}$$

$$=50^{2}.\,\frac{1}{4}$$

$$=\frac{2500}{4}=625$$

13. $16^{\frac{x}{2}} = 256 \Rightarrow x = ?$

A)2   B)3   C)4   D)6   E)8

(*Solution*):

$16^{\frac{x}{2}} = 256$

$(2^4)^{\frac{x}{2}} = 2^8 \Rightarrow 2^{2x} = 2^8$

$2x = 8$

$x = 4$

14. $\dfrac{5^x}{2^{x+1}} = \dfrac{1}{4} \Rightarrow \left(\dfrac{4}{25}\right)^{2x} = ?$

A)$\dfrac{2}{5}$ B)$\dfrac{1}{5}$ C)0   D)16   E)$\dfrac{625}{16}$

(*Solution*):

$\dfrac{5^x}{2^{x+1}} = \dfrac{1}{4} \Rightarrow \dfrac{5^x}{2^x} = \dfrac{1}{2}$

$\left(\dfrac{4}{25}\right)^{2x} = \left(\dfrac{2}{5}\right)^{4x} = \left(\dfrac{2^x}{5^x}\right)^4 = \left(\dfrac{5^x}{2^x}\right)^{-4}$

$$= \left(\dfrac{1}{2}\right)^{-4} = 16$$

15. $2^{-x} = 3 \Rightarrow 27 \cdot 2^{2x+1} = ?$

$A)\dfrac{16}{3}$ $\qquad$ $B)6$ $\qquad$ $C)3$ $\qquad$ $D)7$ $\qquad$ $E)9$

(*Solution*):

$$2^{-x} = 3$$

$$27 \cdot 2^{2x+1} = 27 \cdot 2^{2x} \cdot 2$$

$$= 27.(2^x)^2 \cdot 2$$

$$= 27.(2^{-x})^{-2} \cdot 2$$

$$= 54 \cdot 3^{-2}$$

$$= \dfrac{54}{9} = 6$$

16. $\dfrac{1,44}{10^{n+1}} = 0,00014 \Rightarrow n = ?$

$A)3$ $\qquad$ $B)4$ $\qquad$ $C)-4$ $\qquad$ $D)0$ $\qquad$ $E)-5$

(*Solution*):

$$\dfrac{1,44}{10^{n+1}} = 0,00014$$

$$\dfrac{144 \cdot 10^{-2}}{10^{n+1}} = 144 \cdot 10^{-6}$$

$$10^{-2-n-1} = 10^{-6} \Rightarrow -3 - n = -6$$

$$n = 3$$

17. $3 . 2 . 10^n = 0.0000032 \Rightarrow n = ?$

A)4 B)5 C)6 D) -6 E) -7

(Solution):

$3{,}2 . 10^n = 0{,}0000032$

$3{,}2 . 10^n = 3{,}2 . 10^{-6}$

$10^n = 10^{-6} \Rightarrow n = -6$

18. $2^x - 2^{x+1} + 2^{x+2} = 384 \Rightarrow x = ?$

A)3 B)5 C)6 D)7 E)8

(Solution):

$2^x - 2^{x+1} + 2^{x+2} = 384$

$2^x - 2^x . 2 + 2^x . 2^2 = 384$

$2^x(1 - 2 + 4) = 384$

$2^x = \dfrac{384}{3} = 128$

$2^x = 2^7 \Rightarrow x = 7$

(QUESTIONS)

1. $\dfrac{1 - 2x^3}{x^m} + \dfrac{2 - 3x}{x^{m-3}} + \dfrac{3}{x^{m-4}} = ?$

A)$\dfrac{1}{x^m}$
  B)$\dfrac{2}{x^m}$
  C)$\dfrac{3}{x^m}$
  D)$\dfrac{4}{x^m}$
  E)$\dfrac{5}{x^m}$

(Solution):

$$\dfrac{1 - 2x^3}{x^m} + \dfrac{2 - 3x}{x^{m-3}} + \dfrac{3}{x^{m-4}}$$

$$\dfrac{1 - 2x^3}{x^m} + \dfrac{x^3(2 - 3x)}{x^m} + \dfrac{3x^4}{x^m}$$

$$= \dfrac{1 - 2x^3 + 2x^3 - 3x^4 + 3x^4}{x^m}$$

$$= \dfrac{1}{x^m}$$

2. $\dfrac{x^4 - 2a^2x^3 + a^4x^2}{a^4 - 2a^2x + x^2} = ?$

A)1
  B)a
  C)x^2
  D)x
  E)$\dfrac{1}{x}$

(Solution):

$$\frac{x^4 - 2a^2x^3 + a^4x^2}{a^4 - 2a^2x + x^2} = \frac{x^2(x^2 - 2a^2x + a^4)}{a^4 - 2a^2x + x^2}$$

$$= x^2$$

3. $\dfrac{a^{m+2} \cdot a^{n-1}}{a^{m+n}} = ?$

A)a B)a^m C)a^n D)a^{m-n} E)a^{m+n}

(*Solution*):

$$\frac{a^{m+2} \cdot a^{n-1}}{a^{m+n}} = a^{m+2+n-1-m-n}$$

$$= a^1 = a$$

4. $12^{x+1} = 72$

$\Rightarrow 12^{x-1} = ?$

A)$\dfrac{1}{2}$ B)1 C)6 D)12 E)36

(*Solution*):

$12^{x+1} = 72 \Rightarrow 12^x \cdot 12 = 72$

$12^{x-1} = 12^x \cdot 12^{-1}$

$= 6 \cdot \dfrac{1}{12}$

$$= \frac{1}{2}$$

5. $\dfrac{2^{x+1} + 4}{2^x + 2} = ?$

A)4   B)2   C)2^{-1} D)2^x E)2^{-x}

(*Solution*):

$$\frac{2^{x+1} + 4}{2^x + 2} = \frac{2^x \cdot 2 + 2^2}{2^x + 2} = \frac{2.(2^x + 2)}{2^x + 2}$$

$$= 2$$

6. $2^x = a$

$2^{2^{(x+2)}} = ?$

A)$\dfrac{1}{4^a}$ B)$\dfrac{1}{2^a}$ C)2^a D)2^{2a} E)2^{4a}

(*Solution*):

$2^x = a$

$2^{2^{(x+2)}} = 2^{2^x \cdot 2^2}$

$= 2^{4a}$

7. $-(3)^2 + (-2)^3 + (-4)^2 = ?$

A) – 17 $\qquad$ B) – 15 $\qquad$ C) – 2 $\qquad$ D) – 1 $\qquad$ E)15

(*Solution*):

$$- (3)^2 + (-2)^3 + (-4)^2 = -9 - 8 + 16$$
$$= -1$$

8. $3^{2x-1} = 12$

$3^{x-1} = ?$

A)2 $\qquad$ B)4 $\qquad$ C)6 $\qquad$ D)8 $\qquad$ E)10

(*Solution*):

$3^{2x-1} = 12 \Rightarrow 3^{2x}.3^{-1} = 12$

$(3^x)^2 = 36$

$3^x = 6$

$3^{x-1} = 3^x . \dfrac{1}{3}$

6. $\dfrac{1}{3}$

$= 2$

9. $3^{x-1} = a$

$\Rightarrow \dfrac{27^x}{9} = ?$

A)a^2 $\qquad$ B)a^3 $\qquad$ C)$3a^3$ $\qquad$ D)$9a^3$ $\qquad$ E)$27a^3$

(*Solution*):

$$3^{x-1} = a \Rightarrow 3^x = 3a$$

$$\frac{27^x}{9} = \frac{(3^3)^x}{9} = \frac{(3^x)^3}{9} = \frac{(3a)^3}{9} = \frac{27a^3}{9}$$

$$= 3a^3$$

10. $\dfrac{4,7 \cdot 10^{-6}}{0,047} = 10^x \Rightarrow x = ?$

A) -4 B) -3 C) -2 D) -1 E)0

(*Solution*):

$$\frac{4,7 \cdot 10^{-6}}{4,7 \cdot 10^{-2}} = 10^x \Rightarrow 10^{-4} = 10^x \Rightarrow x = -4$$

11. $\dfrac{(xy)^{n-4}}{(xy)^n} = 2 \Rightarrow \dfrac{1}{x^2 y^2} = ?$

A)1 B)2 C)3 D)$\sqrt{2}$ E)$\sqrt{3}$

(*Solution*):

$$\frac{(xy)^{n-4}}{(xy)^n} = 2 \Rightarrow (xy)^{n-4-n} = 2$$

$$(xy)^{-4} = 2$$

$$\frac{1}{(xy)^4} = 2$$

$$\frac{1}{x^4 y^4} = 2 \Rightarrow \frac{1}{x^2 y^2} = \sqrt{2}$$

12. $\dfrac{1}{3^{-x}} = 5 \Rightarrow 9^{x+1} = ?$

A)144   B)169   C)175   D)200   E)225

(*Solution*):

$$\dfrac{1}{3^{-x}} = 5 \Rightarrow 3^x = 5$$

$$9^{x+1} = (3^2)^{x+1}$$

$$= 3^{2x+2}$$

$$= 3^{2x}.3^2$$

$$= (3^x)^2 . 9 = 5^2 . 9 = 225$$

13. $32^{x-3} = 243$

$$\Rightarrow 2^{x+1} = ?$$

A)16   B)29   C)36   D)48   E)64

(*Solution*):

$$32^{x-3} = 243$$

$$\Rightarrow (2^5)^{x-3} = 3^5$$

$$(2^{x-3})^5 = 3^5$$

$$2^{x-3} = 3$$

$$\dfrac{2^x}{2^3} = 3$$

$$2^x = 24$$

$$2^{x+1} = 2^x \cdot 2$$

$$24.\, 2 = 48$$

14. $2^{x+4} + 2^{x+1} + 2^x = 304$

   $\Rightarrow x = ?$

A)3   B)4   C)5   D)6   E)7

(*Solution*):

$$2^x \cdot 2^4 + 2^x \cdot 2 + 2^x = 304$$

$$2^x(16 + 2 + 1) = 304$$

$$2^x \cdot 19 = 304$$

$$2^x = 16 = 2^4$$

$$x = 4$$

15. $x^a = \sqrt{5} \Rightarrow x^{-4a} = ?$

A)$\dfrac{1}{125}$ B)$\dfrac{1}{25}$ C)$\dfrac{1}{5}$ D)5   E)25

(*SOlution*):

$$x^a = \sqrt{5}$$

$$x^{-4a} = (x^a)^{-4} = (\sqrt{5})^{-4}$$

$$= \left(5^{\frac{1}{2}}\right)^{-4} = 5^{-2} = \frac{1}{25}$$

16. $0,00758 = 75,8 \cdot 10^{-a} \Rightarrow a = ?$

A)6   B)5   C)4   D) – 5   E) – 6

(Solution):

$75,8 \cdot 10^{-4} = 75,8 \cdot 10^{-a}$

$10^{-4} = 10^{-a}$

$4 = a$

17. $15^{12} \cdot 625^x = 3^{12} \Rightarrow x = ?$

A) – 6   B) – 5   C) – 3   D) – 2   E) – 1

(Solution):

$3^{12} \cdot 5^{12} \cdot 5^{4x} = 3^{12}$

$5^{(12 + 4x)} = 1 = 5^0$

$12 + 4x = 0$

$x = -3$

TESTS 1

1. $2^{3a+9} = 8^{-b-3} \Rightarrow a+b = ?$

A)0 B) – 2 C)4 D) – 6 E)12

2. $\dfrac{(-2)^2 \cdot 2^3 \cdot 2^{-9}}{8^{-3}} = ?$

A)2 B)4 C)16 D)32 E)64

3. $10^x = 16$

   $2^{x-1} \cdot 5^{x+3} = ?$

A)125 B)$\dfrac{125}{2}$ C)250 D)625 E)1000

4. $2^{a+4} = 6$

   $3^{2b+1} = 12 \Rightarrow 3^{ba-2} = ?$

A)$\dfrac{1}{8}$ B)$\dfrac{3}{4}$ C)$\dfrac{1}{24}$ D)2 E)12

5. $5^{2a-b} = 625$

   $2^{2a+b} = 128 \Rightarrow a \cdot b^{-1} = ?$

A)$\dfrac{3}{2}$ B)$\dfrac{4}{9}$ C)$\dfrac{11}{4}$ D)$\dfrac{11}{6}$ E)5

6. $6^{x-1} = 3^{x-2} \Rightarrow 2^x = ?$

A)$\dfrac{1}{2}$ 　　　　 B)$\dfrac{2}{3}$ 　　　　 C)$\dfrac{4}{9}$ 　　　　 D)$\dfrac{3}{4}$ 　　　　 E)3

7. $\dfrac{2^x}{3^{-x} + 3^{-x} + 3^{-x}} = 72 \Rightarrow x = ?$

A)0 　　　　 B)1 　　　　 C)3 　　　　 D)6 　　　　 E)8

8. $\left(\dfrac{1}{x}\right)^{x-2} \cdot 8^{x+1} = 2^{4-x} \Rightarrow x = ?$

A)$-\dfrac{1}{2}$ 　　　 B)$\dfrac{-1}{3}$ 　　　 C)4 　　　 D)8 　　　 E)16

9. $\dfrac{2^x + 2^x + 2^x}{2^x \cdot 2^x} = 24 \Rightarrow x = ?$

A)-1 　　　 B)-2 　　　 C)-3 　　　 D)$\dfrac{1}{6}$ 　　　 E)$\dfrac{1}{16}$

10. $3^{x-1} + \dfrac{2}{3^{1-x}} = 81 \Rightarrow x = ?$

A)3 　　　 B)4 　　　 C)9 　　　 D)27 　　　 E)$\dfrac{1}{6}$

11. $\dfrac{1}{2^{x-2}} \cdot \dfrac{4}{4^{3-x}} = 64 \Rightarrow x = ?$

A) $-\dfrac{2}{3}$ B) $\dfrac{-8}{3}$ C) $\dfrac{4}{3}$ D) $\dfrac{1}{2}$ E) 8

12. $\dfrac{3^3 - 3^2}{9} \cdot (2^{-3})^{-2} = ?$

A) 32   B) 64   C) 128   D) 256   E) 512

13. $\left[\left(-\dfrac{1}{2}\right)^{-1}\right]^3 = ?$

A) $(-2)^{-1}$ B) -2^3 C) 16   D) 2^3 E) $\dfrac{2}{2^2}$

14. $(-a)^5 \cdot (-a)^4 \cdot -a^3 = ?$

A) $-a^{12}$ B) a^{-3} C) a^4 D) a^{12} E) a^{60}

15. $\dfrac{\left(-\dfrac{1}{2}\right)^3 \cdot (-2)^5}{(-2)^4} = ?$

A) $\dfrac{1}{2}$ B) 2^{-2} C) $\dfrac{1}{6}$ D) 2^4 E) 2^{-3}

16. $2^{a-1} = 4 \Rightarrow 4^{a-1} = ?$

A) 2^{-2} B) 2^{-3} C) 2^{-4} D) 2   E) 16

17. $\dfrac{2^{-2} \cdot 2^4 \cdot (-2)^3 \cdot (-2^6)}{-2^5 \cdot (-2)^2} = ?$

A) -2^2 B) $-\dfrac{1}{2^4}$ C) -2^4 D) 2^8 E) 32

18. $x + y^{-1} = 3$

$$y + x^{-1} = 2 \implies y. x^{-1} = ?$$

A)$\dfrac{1}{2}$ 　　 B)$\dfrac{2}{3}$ 　　 C)$\dfrac{3}{4}$ 　　 D)6 　　 E)5

19. $2^{a+3} = 16$

$$2^b = 8 \implies b - a = ?$$

A) -2 　　 B) -1 　　 C)0 　　 D)1 　　 E)2

20. $8^{x-1} = 2^{x+1} \implies 2^x = ?$

A) -8 　　 B) -4 　　 C)0 　　 D)2 　　 E)4

21. $\left. \begin{array}{l} a^2 = 2^{8x+2} \\ \dfrac{a}{4} = 32^{x-2} \end{array} \right\} \implies x = ?$

A)4 　　 B)2^5 　　 C)6 　　 D)8 　　 E)9

22. $\left(\dfrac{1}{3}\right)^{x-2} . 27^{x-1} = 3^{3-x} \implies x = ?$

A)$\dfrac{1}{2}$ 　　 B)$\dfrac{1}{3}$ 　　 C)$\dfrac{4}{3}$ 　　 D)3^3 　　 E)81

23. $3^{x+1} - 9 . 3^{x-1} + 2. 3^x = 162 \implies x = ?$

A)1 　　 B)2 　　 C)3 　　 D)4 　　 E)5

Answers					
1.D	2.D	3.E	4.C	5.D	6.B
7.C	8.B	9.C	10.B	11.E	12.C
13.B	14.D	15.B	16.E	17.C	18.B
19.C	20.E	21.E	22.C	23.D	

TEST 2

1. $2^{x-1} = 3 \Rightarrow 2^{x+3} + 3 \cdot 2^{x+2} - 7 \cdot 2^{x+1} = ?$

$A)0 \qquad B)6 \qquad C)18 \qquad D)24 \qquad E)36$

2. $4^{n+1} = \left(\dfrac{1}{8}\right)^{n-1} \Rightarrow n = ?$

$A)0 \qquad B)1 \qquad C)2 \qquad D)3 \qquad E)4$

3. $9^9 \cdot x = \dfrac{1}{27} \Rightarrow x = ?$

$A)3^3 \qquad B)3^{-9} \qquad C)3^{15} \qquad D)3^{-21} \qquad E)9^{11}$

4. $\left.\begin{array}{l} 3^x = 125 \\ 3^y = 5 \end{array}\right\} \Rightarrow \dfrac{x+y}{x-y} = ?$

$A)\dfrac{1}{5} \qquad B)\dfrac{1}{4} \qquad C)\dfrac{1}{2} \qquad D)2 \qquad E)4$

5. $\left.\begin{array}{l} a = 2^x - 1 \\ b = 2^{-x} - 1 \end{array}\right\} \Rightarrow \dfrac{a}{b} = ?$

$A) -1 \qquad B)1 \qquad C)2^{-x} \qquad D) -2^x \qquad E)2$

6. $(\sqrt{3})^{a-b} = 9^{2b-a}$

(*What is the relation between a and b?*)

$A)3a = 2b$ $\qquad$ $B)a = b$ $\qquad$ $C)5a = 9b$

$D)3a = 4b$ $\qquad$ $E)6a = 5b$

7. $6^x = 18 \Rightarrow (0.5)^{x-2} \cdot 3^{3-x} = ?$

$A)20$ $\qquad$ $B)15$ $\qquad$ $C)12$ $\qquad$ $D)9$ $\qquad$ $E)6$

8. $(-a^{-2}) \cdot \left(-\dfrac{1}{a}\right)^{-2} - (-2)^3 = ?$

$A)-a$ $\qquad$ $B)6$ $\qquad$ $C)a$ $\qquad$ $D)7$ $\qquad$ $E)9$

9. $5^{x-3} = 0,008 \Rightarrow 2^{x-2} = ?$

$A)1$ $\qquad$ $B)2$ $\qquad$ $C)4$ $\qquad$ $D)\dfrac{1}{4}$ $\qquad$ $E)\dfrac{1}{9}$

10. $(0,1)^x = a \Rightarrow (0,001)^{2x} = ?$

$A)a^2$ $\qquad$ $B)a^3$ $\qquad$ $C)a^4$ $\qquad$ $D)a^5$ $\qquad$ $E)a^6$

11. $(-0,5^{-4}) + (-0,5)^{-2} + (0,5)^{-3} = ?$

$A)-4$ $\qquad$ $B)-12$ $\qquad$ $C)20$ $\qquad$ $D)20$ $\qquad$ $E)28$

12. $3^x - 3^{x-1} = 18 \Rightarrow x^x = ?$

$A)2$ $\qquad$ $B)9$ $\qquad$ $C)18$ $\qquad$ $D)27$ $\qquad$ $E)27$

13. $a^{-1} = 3 \Rightarrow a - \dfrac{1}{a} = ?$

A) $-\dfrac{2}{3}$ B) $-\dfrac{3}{8}$ C) $-\dfrac{5}{3}$ D) $-\dfrac{8}{3}$ E) $-\dfrac{10}{3}$

14. $\dfrac{27^{2x+4}}{4^{3x+6}} = \left(\dfrac{2}{3}\right)^6 \Rightarrow x = ?$

A) $-\dfrac{4}{3}$ B) 2 C) 3 D) -2 E) -3

15. $2^{x-y} = 1 \Rightarrow \dfrac{x}{y} = ?$

A) -1 B) 1 C) 2 D) 3 E) 4

16. $\dfrac{x^{-1} - y^{-1}}{x^{-2} - y^{-2}} = ?$

A) $\dfrac{xy}{x+y}$ B) $\dfrac{xy}{x-y}$ C) xy

D) $x - y$ E) $\dfrac{x}{y}$

17. $4^{m-1} = 9 \Rightarrow (0{,}5)^{m+1} = ?$

A) $\dfrac{1}{12}$ B) $\dfrac{1}{3}$ C) 3 D) 6 E) 12

18. $2^x = a \Rightarrow 2^6 . 4^{x-4} = ?$

A)$\dfrac{a^2}{2}$ B)$\dfrac{a^2}{3}$ C)$\dfrac{a^2}{4}$ D)$\dfrac{a^2}{5}$ E)$\dfrac{a^2}{6}$

19. $\dfrac{9^{-1}}{(0,3)^{-2}} = \dfrac{0,25}{5^{x+1}} \Rightarrow x = ?$

A) -2 B) -1 C)0 D)1 E)2

20. $x,y \in Z$

$(0,06)^{x+3} . 2^{-x-3} = 10^y . 3^{2x} \Rightarrow x + y = ?$

A) -9 B) -8 C) -5 D)8 E)9

21. $\dfrac{27^x - 1}{3^x + 9^x + 27^x} = ?$

A)$1 + 3^x$ B)$1 - 3^x$ C)$1 - 3^{-x}$

D)$3^{-x} + 1$ E)$3^{-x} - 1$

22. $7^{2x+8} = 49^{1-x} \Rightarrow x = ?$

A) $-\dfrac{5}{2}$ B) $-\dfrac{3}{2}$ C) $-\dfrac{1}{2}$ D)$\dfrac{1}{2}$ E)$\dfrac{3}{2}$

23. $\dfrac{(125)^{x-1}}{5^{x-1}} = (625)^{2x} \Rightarrow x = ?$

A)$\dfrac{1}{3}$ B)$\dfrac{1}{2}$ C) $-\dfrac{1}{2}$ D) -2 E) $-\dfrac{1}{3}$

Answers					
1.E	2.C	3.D	4.D	5.D	6.C
7.E	8.D	9.D	10.E	11.A	12.D
13.D	14.E	15.B	16.A	17.A	18.C
19.D	20.A	21.C	22.B	23.E	

TEST 3

1. $\dfrac{2}{1+3^{-a}}+\dfrac{2}{1+3^{a}}+1=?$

A)2　　　　B)3　　　　　　C)4　　　　　D)5　　　　　E)6

2. $\dfrac{(x^2)^{-1}\cdot(x^6)^{-3}}{(x)^{-3}\cdot(x^{-4})^2\cdot(x^2)^{-4}}=?$

A)1　　　　　B)x^{-1}　　　C)x^{-2}　　　D)x^{-3}　　　E)x^{-4}

3. $\left(\dfrac{0,2}{0,004}+\dfrac{0,3}{0,006}\right)^{-\frac{1}{2}}=?$

A)0,1　　　B)0,2　　　　C)0,3　　　D)0,4　　　E)0,5

4. $\dfrac{a^{n+1}+a}{a^n}-\dfrac{1}{a^{n-1}}=?$

A)2   B)a^3 C)a^2 D)a E)$\dfrac{1}{a}$

5. $\dfrac{3^{x+1} + 3^{x-1}}{3^x - 3^{x+2}} = ?$

A) $-\dfrac{7}{5}$ B) $-\dfrac{6}{7}$ C) $-\dfrac{7}{12}$ D) $-\dfrac{5}{12}$ E) $-\dfrac{8}{9}$

6. $(-2)^2 \cdot (-2)^3 \cdot (-2^{-1})(-2)^{-3} = ?$

A) -2 B)2^{-5} C)2^{-6} D)2^{-2} E)2^{-3}

7. $\dfrac{4^2 + \left(\dfrac{1}{4}\right)^{-3}}{4 + \left(\dfrac{1}{4}\right)^{-2}} = ?$

A)2   B)4   C)8   D)16   E)32

8. $\dfrac{(0,6)^2}{0,03} : \dfrac{(0,3)^4}{(0,1)^2} = ?$

A)$\dfrac{400}{37}$ B)$\dfrac{250}{17}$ C)$\dfrac{400}{27}$ D)$\dfrac{340}{27}$ E)$\dfrac{300}{13}$

9. $\dfrac{2.5^{22} - 9 \cdot 5^{21}}{25^{10}} = ?$

A)5^{-1} B)1 C)5 D)5^2 E)5^3

10. $\dfrac{4 \cdot 9^{n-1} - 2 \cdot 3^{n-2}}{2 \cdot 3^{2n} - 3^n} = ?$

A)$\dfrac{2}{3}$ B)$\dfrac{3}{4}$ C)$\dfrac{2}{7}$ D)$\dfrac{5}{7}$ E)$\dfrac{2}{9}$

11. $\dfrac{\left(-\dfrac{1}{3}\right)^2 \cdot (-3^4)}{(-3^{-3}) \cdot \left(-\dfrac{1}{3}\right)^{-4}} = ?$

A)$\dfrac{1}{3}$ B)$\dfrac{1}{9}$ C)1 D)3 E)9

12. $\left[\dfrac{a^{-1} - b^{-1}}{a^{-1}b^{-1}}\right] = ?$

A)a B)b C)$a - b$ D)$b - a$ E)ab

13. $\left(\dfrac{1-\dfrac{1}{4}}{1+\dfrac{1}{4}}\right)^{-1} : \dfrac{1+\dfrac{1}{3}}{1-\dfrac{1}{1-\dfrac{1}{3}}} = ?$

A) $-\dfrac{3}{8}$ 　　B) $-\dfrac{5}{8}$ 　　C)0 　　D)$\dfrac{3}{8}$ 　　E)$\dfrac{5}{8}$

14. $2 - \left[3^{-1} - (2^{-1} - 3^{-1}) - (-2)^{-1}\right]^{-1} = ?$

A)$\dfrac{1}{5}$ 　　B)$\dfrac{1}{2}$ 　　C)$\dfrac{2}{3}$ 　　D)$\dfrac{4}{5}$ 　　E)2

15. $\dfrac{3}{2+2^{-1}} \cdot (0{,}06)^{-\frac{1}{2}} = ?$

A)3 　　B)2 　　C)$\dfrac{2}{3}$ 　　D)$\dfrac{1}{2}$ 　　E)$\dfrac{1}{3}$

16. $\dfrac{\left(\dfrac{1}{2}\right)^{-2} - 5(-2)^{-2} + 6^{-1}}{1 + 2^{-2}} = ?$

A)$\dfrac{11}{5}$ 　　B)$\dfrac{7}{3}$ 　　C)3 　　D)5 　　E)7

17. $\dfrac{4^{2n+2} \cdot 3^{2n-1}}{6^{n-1} \cdot 2^{3n+1}} : 3^n = ?$

A)16   B)12   C)8   D)5   E)3

18. $27^{0,17} \cdot 4^{0,46} \cdot 3^{0,99} \cdot 2^{0,58} - 2^{\frac{3}{2}} \cdot 3^{\frac{3}{2}} = ?$

A) -6 B) $-3^{\frac{1}{2}}$ C)0   D)3   E)6

19. $20^2 \cdot 40^4 \cdot 80^5 = ?$

A)$2^{11} \cdot 5^{11}$ B)$2^{36} \cdot 5^{11}$ C)$2^{15} \cdot 10^{11}$

D)$4^8 \cdot 5^8$ E)$2^{18} \cdot 5^{10}$

20. $\dfrac{\dfrac{3 \cdot 2^{-4}}{5^4} + 4 \cdot 10^{-5}}{10^{-5}} = ?$

A)0,3   B)0,7   C)7   D)15   E)34

21. $\dfrac{(-3)^3 \cdot (-3)^2 \cdot (-4)^6}{(-12)^5} = ?$

A) -4 B) -2 C)3   D)4   E)6

22. $\dfrac{5 \cdot 2^{n+2} + 2^n}{2^n + 2^{n-1}} = ?$

A)14   B)16   C)21   D)28   E)30

23. $\dfrac{6 \cdot 3^x + 3^{x+1} + 2 \cdot 3^{x+2}}{3^x + 3^x + 3^x} = ?$

A)3   B)3^x C)9   D)27   E)$2 \cdot 3^x$

24. $2 \cdot 2^x + 2^{x+1} + 3.2^{x+2} = ?$

A)2^{x+4} B)2^{x+5} C)$3 \cdot 2^{x+}$

D)$6 \cdot 2^{3x+2}$ E)$5 \cdot 2^{x+3}$

25. $\dfrac{(625)^{0,25} + (64)^{\frac{1}{3}}}{5 + (-2^2)} = ?$

A)$\dfrac{3}{2}$ B)$\dfrac{9}{7}$ C)3   D)4   E)9

Answers					
1.B	2.B	3.A	4.D	5.D	6.A
7.B	8.C	9.C	10.E	11.D	12.D
13.B	14.B	15.A	16.B	17.A	18.C
19.B	20.E	21.D	22.A	23.C	24,A

25.E					

TEST 4

1. $\dfrac{(4{,}01)^2 - (3{,}00)^2}{(0{,}5)^2 - (0{,}3)^2} = ?$

A)2   B)1,2   C)1   D)0,1   E)1,3

2. $\left.\begin{array}{l} 3^{2x} - 3^{2a} = 16 \\ 3^x + 3^a = 8 \end{array}\right\} \Rightarrow a = ?$

A) -1 B)0   C)1   D)2   E)$\dfrac{1}{2}$

3. $\left.\begin{array}{l} 4^{x + 2y} = 8 \\ 8^{x + y} = 16 \end{array}\right\} \Rightarrow y = ?$

A)$\dfrac{1}{3}$ B)$\dfrac{1}{4}$ C)$\dfrac{1}{5}$ D)$\dfrac{1}{6}$ E)$\dfrac{1}{7}$

4. $\left.\begin{array}{l} 2^x = 9 \\ 2^{2y} = 27 \end{array}\right\} \Rightarrow \dfrac{x + 2y}{2y - 4x} = ?$

A) -1 B)0   C)1   D)2   E)3

5. $\left.\begin{array}{l} 3^x + 2^{y+1} = 91 \\ 4.3^x - 2 \cdot 2^y = 44 \end{array}\right\} \Rightarrow x.y = ?$

A)8   B)10   C)12   D)15   E)20

6. $\dfrac{6^{x+2}}{4^{1-x}} = \dfrac{24^x}{3^{2x-1}} \Rightarrow x = ?$

A) $-\dfrac{1}{2}$ B) -1 C) 0 D) $\dfrac{1}{2}$ E) $\dfrac{2}{3}$

7. $2^x = 3 \Rightarrow 2^{2x+1} = ?$

A) 9 B) 14 C) 16 D) 18 E) 20

8. $8^x = 27 \Rightarrow 2^{x+1} = ?$

A) 2 B) 4 C) 6 D) 8 E) 12

9. $\left(\dfrac{1}{4}\right)^{2x-1} \cdot 2^x = 8^{x-2} \Rightarrow x = ?$

A) $-\dfrac{3}{2}$ B) $-\dfrac{2}{3}$ C) $\dfrac{1}{2}$ D) $\dfrac{2}{3}$ E) $\dfrac{4}{3}$

10. $4^{a+3} \cdot 16^{a+1} \cdot 32^{1-a} = 1 \Rightarrow a = ?$

A) -20 B) -15 C) -2 D) 15 E) 20

11. $4^{a+3} - 4^{a+1} - 2 \cdot 4^a = 10^2 \Rightarrow a = ?$

A) $\dfrac{1}{2}$ B) 1 C) $\dfrac{3}{2}$ D) 2 E) $\dfrac{5}{2}$

12. $9^x = a \Rightarrow 3^{2x+1} = ?$

$A)a$ $\qquad$ $B)2a$ $\qquad$ $C)3a$ $\qquad$ $D)6a$ $\qquad$ $E)9a$

13. $\left.\begin{array}{l} a^{x+y} = 27 \\ a^{3y-x} = 3 \end{array}\right\} \Rightarrow a^x = ?$

$A)3$ $\qquad$ $B)6$ $\qquad$ $C)9$ $\qquad$ $D)18$ $\qquad$ $E)21$

14. $\left.\begin{array}{l} 2^x = a \\ 3^x = b \end{array}\right\} \Rightarrow \dfrac{9^{x+2}}{6^{x+1}} = ?$

$A)\dfrac{18b}{2a}$ $\qquad$ $B)\dfrac{b^2}{2a}$ $\qquad$ $C)\dfrac{27b}{2a}$

$D)\dfrac{3b}{2a}$ $\qquad$ $E)\dfrac{9b^2}{2a}$

15. $\left.\begin{array}{l} 4^{a-1} = 2 \\ 2^{2b} = 4 \end{array}\right\} \Rightarrow a^{-b} = ?$

$A)\dfrac{1}{3}$ $\qquad$ $B)\dfrac{2}{3}$ $\qquad$ $C)\dfrac{3}{4}$

$D)\dfrac{4}{5}$ $\qquad$ $E)\dfrac{5}{6}$

16. $2^{a-4} + 2^{a-3} = 3 \cdot 4^{a-3} \Rightarrow a = ?$

$A)2$ $\qquad$ $B)3$ $\qquad$ $C)4$ $\qquad$ $D)5$ $\qquad$ $E)6$

17. $\left.\begin{array}{l} a = 3^{2b} \\ b = 3^{2a} \\ a+b = 3 \end{array}\right\} \Rightarrow a.b = ?$

A)3^2 B)3^4 C)3^5 D)3^6 E)3^7

18. $2^x = m \Rightarrow 8^{x+3} = ?$

A)$(8m)^3$ B)$2m^2$ C)$4m^2$ D)$(5m)^3$ E)$(4m)^3$

19. $x \neq 1, \ y \neq 1$

$$\left.\begin{array}{l} x^{x-y} = y^3 \\ y^{x-y} = \dfrac{x^2}{y} \end{array}\right\} \Rightarrow x - y = ?$$

A)0   B)1   C)2   D)3   E)4

20. $\left.\begin{array}{l} 3^x.2^y = 81 \\ 2^y.9^x = 27 \end{array}\right\} \Rightarrow x = ?$

A) -2 B) -1 C)1   D)2   E)3

21. $2^a = x \Rightarrow \dfrac{4^a}{2^{a-1} - 3 . 2^a} = ?$

A) $-\dfrac{3x}{4}$ B) $-\dfrac{2x}{5}$ C) $-\dfrac{x}{3}$

$D) -\dfrac{x}{2}$ $\qquad$ $E) -\dfrac{5x}{3}$

22. $3^a = 243$, $15^{b-3} = 3^5 . 5^a \Rightarrow a+b = ?$

A)3 $\qquad$ B)5 $\qquad$ C)8 $\qquad$ D)13 $\qquad$ E)15

23. $3^x = \dfrac{1}{a}$, $3^y = b \Rightarrow (0,3)^{x+y} = ?$

$A)\dfrac{a}{b}$ $\qquad$ $B)a.b$ $\qquad$ $C)\dfrac{1}{a+b}$ $\qquad$ $D)\dfrac{a+b}{a}$ $\qquad$ $E)\dfrac{b}{a}$

24. $a,b \in Z$ $\dfrac{15^{a+b}}{3^{a-b}} = 9 \Rightarrow a.b = ?$

$A) -3$ $\qquad$ $B) -2$ $\qquad$ $C) -1$ $\qquad$ $D)1$ $\qquad$ $E)2$

25. $\dfrac{x}{y} = 5\left(\dfrac{y}{x}\right)^{\frac{1}{n}} = 125 \Rightarrow n = ?$

$A) -\dfrac{1}{3}$ $\qquad$ $B) -2$ $\qquad$ $C) -\dfrac{2}{3}$ $\qquad$ $D)3$ $\qquad$ $E)\dfrac{3}{5}$

Answers					
1.C	2.C	3.D	4.A	5.D	6.A
7.D	8.C	9.E	10.B	11.A	12.C
13.C	14.C	15.B	16.A	17.D	18.A
19.B	20.B	21.B	22.D	23.A	24.C

25.A					

TEST 5

1. $\left.\begin{array}{l} a + b = 11 \\ \dfrac{3^{a-b}}{3^{b-a}} = 9 \end{array}\right\} \Rightarrow a^2 - b^2 = ?$

A)99   B)77   C)61   D)33   E)11

2. $\dfrac{\left(-\dfrac{1}{4}\right)^2 - 2^2}{1 - 2^{-4}} = ?$

A) $-\dfrac{1}{5}$ B) $\dfrac{2}{5}$ C) $\dfrac{3}{5}$ D) $\dfrac{4}{5}$ E)1

3. $\dfrac{1}{3^x} + \dfrac{1}{3^{x-1}} + \dfrac{1}{3^{x-2}} = \dfrac{9+a}{3^x} \Rightarrow a = ?$

A)4   B)5   C)6   D)7   E)8

4. $14^b = 7^{b-a} \Rightarrow 49^{\frac{a}{b}} = ?$

A) $\dfrac{1}{16}$ B) $\dfrac{1}{8}$ C) $\dfrac{1}{4}$ D) $\dfrac{1}{2}$ E)1

5. $\left.\begin{array}{l} 3^a = 8 \\ 2^{a+1} = 12 \end{array}\right\} \Rightarrow 48 = ?$

A)2^a B)4^a C)2^{a-1} D)3^{a+1} E)6^a

6. $\left[\dfrac{0,00048}{0,00012}\right]^{x-2} = \left[\dfrac{0,06}{0,03}\right]^{x+1} \Rightarrow x = ?$

A)2 B)3 C)4 D)5 E)6

7. $3^x = 2 \Rightarrow 9^x + 4^{\frac{1}{x}} = ?$

A)7 B)9 C)10 D)13 E)25

8. $16^x = a \Rightarrow \dfrac{256^x - 16^x}{1 - 16^x} = ?$

A)$1-a$ B)a C)a^2 D)$-a$ E)$a^2 - 5$

9. $9^y = a,$

$(0,3)^{-4} \cdot (0,5)^{4y} = 16 \cdot a^2 \Rightarrow y = ?$

A)-2 B)-1 C)1 D)2 E)3

10. $\left.\begin{array}{l} x = 2^n - 3 \\ y = 2^n + 3 \\ xy = 8 \end{array}\right\} \Rightarrow x^2 + y^2 = ?$

A)32 B)44 C)50 D)52 E)64

11. $\left.\begin{array}{l} 5^a = 25^{b-1} \\ 4^{a-3} = 8^b \end{array}\right\} \Rightarrow a.b = ?$

A)180   B)160   C)150   D)140   E)120

12. $\left.\begin{array}{l} 3^{x+1} = y \\ y^{x-1} = 27 \end{array}\right\} \Rightarrow x.y = ?$

A)$\dfrac{2}{3}$ B)18   C)27   D)36   E)54

13. $\dfrac{5^{x+2} - 125}{5^{2x} - 25} = \dfrac{5}{6} \Rightarrow x = ?$

A)5   B)4   C)3   D)2   E)0

14. $(0,6)^{2x-1} = \left(\dfrac{5}{3}\right)^{x-8} \Rightarrow x = ?$

A)5   B)4   C)3   D)2   E)1

15. $\dfrac{3.2^{x-1} - 3.2^x + 2^{x+1}}{2^x} = 2^{x-1} \Rightarrow x = ?$

A) – 1   B)0   C)1   D)2   E)3

16. $x, y \in Z$

$$\left.\begin{array}{r}3^x = a \\ 8^y = b \\ 24^{xy} = a^2 b^7\end{array}\right\} \Rightarrow x + y = ?$$

A)13   B)11   C)10   D)9   E)5

17. $\dfrac{4^a - 9}{3 - 2^a} + 7 = 0 \Rightarrow a = ?$

A)5   B)4   C)3   D)2   E)1

18. $b > 0$

$$\left.\begin{array}{r}3^{x+1} = a \\ 75^x = 4 \cdot \dfrac{ab^2}{3}\end{array}\right\} \Rightarrow 5^{x+1} = ?$$

A)b   B)2b   C)5b   D)10b   E)$90b^2$

19. $\left.\begin{array}{r}36^x = 8 \\ 4^y = 3\end{array}\right\} \Rightarrow y = ?$

A)$\dfrac{2 - x}{2x}$ B)$\dfrac{3 - 2x}{5x}$ C)$\dfrac{3 - 2x}{4x}$

$$D)\frac{x-2}{5x} \qquad E)\frac{3-x}{2x}$$

20. $3^{x+1} + 3^{x+2} = 36 \cdot 3^y \Rightarrow x = ?$

A)$y + 1$ \qquad B)y \qquad C)$y - 1$ \qquad D)$2y$ \qquad E)$\frac{y+1}{3}$

21. $\dfrac{2^{x+1} + 6}{4^x - 9} = \dfrac{2}{5} \Rightarrow x = ?$

A)2 \qquad B)3 \qquad C)4 \qquad D)5 \qquad E)6

22. $x \in Z$

$$\frac{3^{x^2 + 2}}{27^x} = 1 \Rightarrow \sum x = ?$$

A)1 \qquad B)2 \qquad C)3 \qquad D)4 \qquad E)5

23. $3^{x+1} - 3^{x-2} + 3^x = 105 \Rightarrow x = ?$

A)1 \qquad B)2 \qquad C)3 \qquad D)4 \qquad E)5

24. $\dfrac{(0{,}000125.10^{47}) - (0{,}61 . 10^{43})}{(1{,}5 . 10^{42}) - (0{,}7. 10^{42})} = ?$

$A)8 \qquad B)16 \qquad C)32 \qquad D)8.10^{42} \qquad E)2^{10}$

25. $\left[\left(\dfrac{1}{4} - \dfrac{1}{3} - \dfrac{1 - \dfrac{2}{3}}{1 + \dfrac{1}{3}}\right) - 4\right]^2 = ?$

$A) -\dfrac{1}{243} \qquad\qquad B) -\dfrac{1}{81} \qquad\qquad C)\dfrac{1}{128}$

$D)3^8 \qquad\qquad\qquad E)2^{10}$

Answers					
1.E	2.A	3.A	4.C	5.C	6.D
7.D	8.D	9.B	10.D	11.A	12.E
13.D	14.C	15.B	16.B	17.D	18.D
19.C	20.A	21.B	22.C	23.C	24,A
25.D					

Printed in Great Britain
by Amazon